JIAONI QINGSONG XIU GUATAN

教你轻松绣挂毯

马艳春 编著

U0232024

金盾出版社

内 容 提 要

这是一本专门教你怎样自己动手绣挂毯的大众休闲读物。书中通过简要的文字和鲜艳的彩图，具体讲授了手工剟 (duō) 绣挂毯的工具材料、方法步骤及操作要领，并附有精美作品与花样图案，以供读者欣赏、参考。本书内容新颖，技法简单，图文结合，易懂好学，不仅可供广大手工爱好人士学习制作，也可为小本经营者提供一条方便快捷的致富门路。

图书在版编目(CIP)数据

教你轻松绣挂毯/马艳春编著. —北京:金盾出版社,2014.10
ISBN 978-7-5082-9627-2

Ⅰ.①教… Ⅱ.①马… Ⅲ.①挂毯—手工艺品—制作 Ⅳ.①TS935.75

中国版本图书馆 CIP 数据核字(2014)第 191625 号

金盾出版社出版、总发行
北京太平路 5 号(地铁万寿路站往南)
邮政编码:100036 电话:68214039 83219215
传真:68276683 网址:www.jdcbs.cn
封面印刷:北京盛世双龙印刷有限公司
彩页正文印刷:北京凌奇印刷有限责任公司
装订:新华装订厂
各地新华书店经销

开本:787×1092 1/16 印张:8 彩页:64 字数:110 千字
2014 年 10 月第 1 版第 1 次印刷
印数:1~3 000 册 定价:26.00 元

前　言

　　家是劳累了一天的人们休息的港湾。漂亮、干净、舒适的房间，会使您消除一天的疲劳、烦恼。每个家庭主妇都希望把自己的房间布置得漂漂亮亮、时尚、得体，尤其是在人们物质文化生活大大丰富的今天，讲究居室装饰，追求生活质量，是许多家庭在生活中的一项重要选择。有情趣的家庭主妇会在客厅或床头挂上一块挂毯，使家里变得更加温馨、惬意。这样，既有装饰作用又有欣赏价值，别有一番情趣。

　　《教你轻松绣挂毯》这本书，介绍的是一种最简单最实用的剟 (duō) 绣方法。有人称它为傻子绣，还有人称它为戳戳绣，据说是从俄罗斯传入我国的。上世纪六七十年代，人们就用这种方法绣门帘、枕套等，但是，那时候用的是小号针，只能用尼龙线或绣花线，而且只能局部绣制。现在笔者对过去的做法进行了改进，使之速度更快，观赏性更强，而且更简单更实用。说它简单，是因为人们一看就会，方法易学；说它实用，是因为这种剟绣方法，适合各种人群，大姑娘、小媳妇、老头、老太太都喜欢。这不只是女人的专利，男人也能做得又快又好。总之，只要你读了，就能学到一种实用价值与艺术效果相统一的剟 (duō) 绣方法。

　　手工剟绣挂毯最大的特点：

　　1. 需要的原材料不高端，不稀少，哪里都能买得到，剟针谁都会加工。

　　2. 花最少的钱，取得最好的效果。既经济又实惠，既美观又时尚。

　　3. 挂毯的画样取材广泛，画样可自由选取。无论是简笔画、漫画、剪纸、好看的工笔画仕女图、山水风景、人物花卉、飞禽走兽、名人字画、脸谱等，还是现代的、古代的、抽象的、卡通的，只要是你自己喜欢的画样，都可以用剿绣的方法表现出来。

所以说，它是非常受人欢迎、极易普及的一种剿绣方法。掌握了这种剿绣方法，不但可以美化居室，还能够陶冶情操，充实业余生活，培养良好的审美观点，使我们的生活更加丰富多彩，有滋有味。剿绣这种方法，不只是能做挂毯，它还可以做马桶上的防凉圈、各种地垫、大小不一的地毯，可以在小孩儿的衣服上剿绣各种好看的图案以及各种挂饰。至于形状，圆的、方的、椭圆的、不规则的，可由你自由发挥创造。如果你掌握了这种剿绣方法，就可以充分发挥自己丰富的想像力，做出各种各样好看实用的物品。

掌握了这种方法，你还可以把它变成一种谋生的手段，如卖绣针、绣架、绣图、绣布、绣线、图钉、镊子，以及挂毯成品等。你也可以开网店，搞一条龙服务，这也是可行的。

《教你轻松绣挂毯》一书，不仅介绍了手工剿绣的实物成品，供大家欣赏，还介绍了剿针的制作以及使用方法，介绍了手工剿绣图案的描印、放大。除了这些，还为大家精心准备了一大批剿绣的花样图案，以供大家参考、使用。

文中出现的剿绣图案，均为手工描绘，可能会有丢掉线条的现象，如有不太准确的地方，请读者自行改正，敬请见谅。

本书在编写过程中，杨倩、常惠丹两人参加了画稿和照片的整理工作，在此一并表示感谢！

作 者

目　录

一、手工剟绣工具的制作

1. 剟针的制作

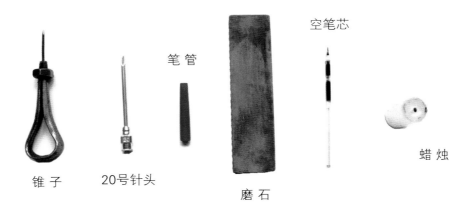

空笔芯

笔 管

锥 子　　　20号针头　　　　磨 石　　　　　　　蜡 烛

① 打孔：20号针头一枚（这种型号的针头，各医药店、兽用药店均有出售。价格很便宜，也就几角钱一根针）。在针头的三角区钻一个直径约2毫米的孔。如没有钻头，可用锥子在三角区扎一下，此处就凸出一个小包，在磨石上将其磨透，如孔不够大，可继续用锥子把孔锥大，再将此孔打磨光滑即可。

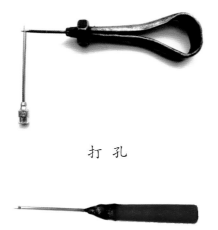

打 孔

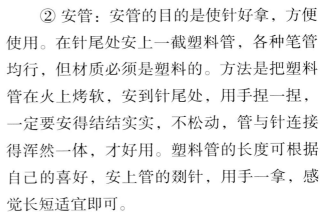

安 管

② 安管：安管的目的是使针好拿，方便使用。在针尾处安上一截塑料管，各种笔管均行，但材质必须是塑料的。方法是把塑料管在火上烤软，安到针尾处，用手捏一捏，一定要安得结结实实，不松动，管与针连接得浑然一体，才好用。塑料管的长度可根据自己的喜好，安上管的剟针，用手一拿，感觉长短适宜即可。

③套管：因为针头是注射用的，不是专

为剹绣挂毯而制的，所以它的针管长。将其改造成剹针，使它做出的套长短合适，恰到好处，必须在剹针的针管上安一截塑料管，使针管变短。这种管可以用没了油的圆珠笔笔芯，用剪刀剪下一小段，套到

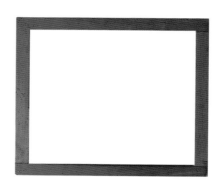

套 管

针管上，套好后，用尺子量一量。具体的标准是：针眼和塑料管的距离大约是23毫米左右。这样的距离做出的毛线套长短是合适的。否则，毛线套长，做出的挂毯不挺括，费线；毛线套短，盖不住底布，难看。为了方便使用，可在手指握针处套上握笔套。

④修针：剹针用的时间长了，针尖会变秃，剹起来感觉费劲，针不好用了。这个时候，你的针就需要修了。修的方法是：将针的三角区在磨石上或水泥地上磨下去，再磨一个新的三角区。再按照上面说的方法，打孔、套管，进行制作。这样，一根新的剹针就做成了。

2. 穿沙发垫穗带针

大号兽用针一枚，长约13厘米，制作方法与剹针制作方法相同。

3. 穿挂毯穗带针

即用过去缝补麻袋的针就可以，这种针小商品市场都有售。但是，买回来的针是弯曲的，需要改造一下，你可用锤子把它敲直，这样才好用。

4. 纫线用针

准备大号缝衣针一枚，穿好线，打上结。

5. 绣架的制作

由于在剹绣的过程中，需要将绣布用图钉摁在绣架上，因此绣架的材质以软木为最好。如红松、白松、落叶松等均属软木，用这样的材料是再合适不过的。如果没有合适的木料，可以用旧窗框来代替。制作的方法是：用长约53厘米、宽为4厘米的板条两根，长约43厘米、宽为4厘米的板条两根，板条的厚度均为1.5厘米，做一个绣架。

绣 架

二、图案的描印及放大

1. 图案的放大

① 第一种方法：可以用幻灯机，将你喜欢的图案描在幻灯片上（如没有幻灯片，可用透明的塑料片代替，效果一样好）。将画好的幻灯片放到幻灯机上，在墙上贴好所需的白纸，接通电源。然后用幻灯机将图案投射到白纸上，按照自己所需图案大小，移动幻灯机，确定图案大小至合适，用笔将图案描下来。

② 第二种方法：也可以去复印店，把你喜欢的图案放大至合适的尺寸。

③ 第三种方法：还可以采用画格的方法，将你需要的图案画上小格，再在白纸上画上大格。然后将小格上的图案，按格画在白纸上。这样也可以得到你所需尺寸合适的图案。

④ 第四种方法：如果你有绘画的功底，可以将画用白描的方法，直接画到布上，更是简单。

2. 图案的描印

图案放大至合适的尺寸绘制成后，最好再将图案用圆珠笔或记号笔描到透明的塑料布上。如果图案有字的话，这样做更好。图案正反两面都可以用。图案还可以长期保存，多次使用。

三、底布布料的选用

1. 底布的选用

最好是选用白色或浅颜色的平纹粗棉布。过去的包皮布、白花其、粗毛呢等也可使用。如果你不能确认这种布料是否合适做剅绣，那么，你可用纫好线的剅针，在布料的边角处试一试，如果做出的套均匀、整齐，即可使用（如图）。

白粗布　　　　　　　　　白花其　　　　　　　　人造棉

2. 衬里的选用

这个要求不高，可随意些，化纤、棉麻都可选用。但相对比较，尼龙绸较好，因为它体轻、光滑、薄厚适宜。

3. 纸衬的选用

做衣服用的纸衬，不要用软的、薄的，要用稍厚、稍硬、挺括一些的纸衬。这样的纸衬熨在挂毯的背面，才会使挂毯平整、挺括。

四、剟线的选用

　　腈纶线、混纺、纯毛等均可选用。但是，挂毯是挂在墙上，经常接触阳光、灰尘，容易脏，它需要剟线颜色艳丽，长久不退色，可以长时间地保持挂毯的美丽。还需要剟线不缩水，不掉色，不怕洗，清洗简单。腈纶线恰恰具备了这个特点：它耐光、耐腐蚀、蓬松柔软，像羊毛。因此腈纶线是剟绣挂毯的首选线材。用腈纶线绣的挂毯，脏了洗干净后，甩干，可立即挂在墙上，不需晾晒，而且平平展展，亮丽如常。尽管腈纶线是首选线材，但所需腈纶线的粗细还是很有讲究的，需要中粗或腈纶开司米。选用腈纶开司米时，要两股或三股合在一起使用，效果才好。

腈纶开司米线

比开司米粗一点的腈纶线

五、剡绣前的准备工作

1. 描印图案

将图案描在布上时，首先要注意图案是否有字，有字的图案，一定要把图案反着描，因为描出的图案是反的，做出来的图案才是正的。其次是描印图案时，先把图案放在底布上铺好，在边缘处用大头针将底布和图纸固定在一起，防止移动，否则会导致画面不准确。最后，在底布与图纸中间放上复写纸，用铅笔或圆珠笔沿图案描印，将图案描印在底布待绣的部位。描印时，用笔稍用力些，才能使图案清晰地呈现在底布上，如果力度太轻，描印的画面会不清晰，剡绣时看不清。

2. 剡线颜色的选用

图案描印到底布上后，下一步该做的工作便是选择剡线的颜色。自然界中有丰富的色彩：象征喜庆的红色，象征安宁、和平的绿色，象征高贵、华丽的黄色。各种色彩装扮了大自然，如蓝色的大海、火红的玫瑰、橙色的橘子。因此，选择颜色要符合实际。一副挂毯的漂亮与否，选择颜色是关键，举足轻重。选择颜色的前提是依据选取的图案配出所需颜色的剡线。一般地讲，如果图案配的颜色艳丽，那么，大面积的底色则选择颜色偏暗一些。如果图案配的颜色较暗，则大面积的底色要配得鲜明一些。这样一明一暗，一素一艳，一浓一淡，便会达到一种和谐、美丽、融为一体的神奇效果，更突出了挂毯的美丽、漂亮。

那么，具体到图案上怎样选择各色毛线呢？那也是有章可循的，笔者的意见是：

① 剡绣人物的脸、耳朵、脖子、胳膊、手等身体裸露部分时，选用淡粉色，这种颜色剡绣出的人物显得漂亮、鲜活、健康。

② 剿绣图案的轮廓线，采用黑色或深颜色的线。人物的眼睛可选用黑色或蓝色。头发的颜色除了黑色还可选用橘黄色、咖啡色

③ 小草、树木，可选用各种不同的绿色，搭配使用。树干可选用深烟色。如果是秋天的景色，树的叶子可选用黄色、红色，剿绣出黄色的叶子、红色的叶子，以衬托秋的成熟。天空、大海可选用不同的蓝色。

④ 人物的衣裙、裤子、鞋袜，可根据自己的喜好尽情大胆地选用。

⑤ 花朵则选用比较艳丽的颜色，大粉、大红、大黄、大紫、淡粉、淡黄、淡紫色等等都可选用。

⑥ 如果是剿绣字时，一般选用红字、紫红色的字，外绣黑色的轮廓线。

⑦ 其余的颜色搭配均以自己的喜好为宜。如蓝裙白花、蓝裙粉花、蓝裙黄花都可以。

⑧ 大面积的底色，可选用各种深浅不一的灰色，各种深浅不一的蓝色，各种深浅不一的驼色、淡绿色、大红色、鹅黄色，都可以，只要是自己喜欢的就好。

⑨ 剿绣的时候，还可以把两种同一颜色只是深浅不一的线配在一起，这样便可以产生另外一种颜色，介于这两种深浅颜色之间。这种方法也可以采用。

3. 绕线

将自己挑选出来的各色毛线事先绕好。绕线的时候，先将毛线捋一捋，抻一抻。因为腈纶线弹性大，用手 抻一抻，使腈纶线变长，弹力降低。这样，腈纶线光滑度、亮度都有改变，剿绣起来线更好用，绣出的挂毯效果更好。此外还要把线上的小疙瘩、小毛球等摘除，使线光滑、顺溜、好用。

4. 工具的准备与保管

① 准备一个小盒子，里面装上剿针、小镊子、小剪子、图钉以备用。剿针在不使用的时候，一定要放在盒子里，以免掉在地上损坏针尖，同时也为了安全起见，防止扎伤人。准备的工具如下图：

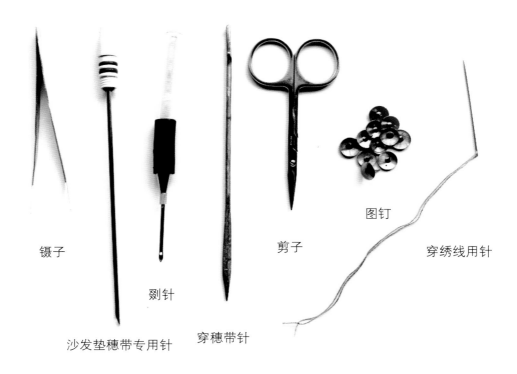

镊子　　　　　　　　　　　　　　　　剪子　　　　　　穿绣线用针

图钉

剟针

沙发垫穗带专用针　　　穿穗带针

剟绣工具

5. 底布的固定

将描印好图案的底布用图钉固定在剟绣架上，将布撑开，不要撑得太紧。

六、剷绣过程

1. 穿针纫线

由于剷针的针管是一个又细又长的通道，柔软的毛线无法穿过，所以我们将一根大号缝衣针穿上线，把线的两端重合在一起，打个结，线不要太长，长度约14厘米即可。

将要用的毛线头部穿过大缝衣针的线圈里。

再把缝衣针穿过剷绣针的针管里，然后再从针尖的三角区的针眼里穿出来，拉出一段线，将缝衣针取下来，这样线就纫好了。（如图1～4）

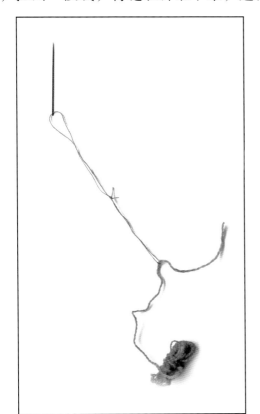

① 将绣线穿过缝衣针的线圈里

教你轻松绣挂毯

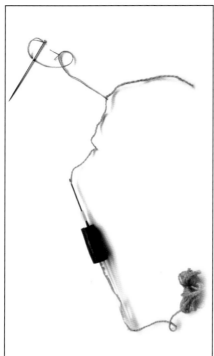

② 将缝衣针从劐针尾部穿进，从针头部穿出来

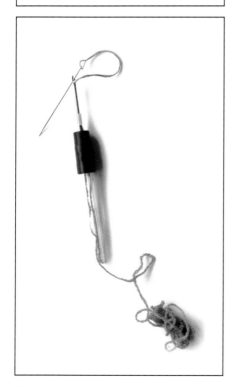

③ 纫线的针再从针尖的针眼中穿出来

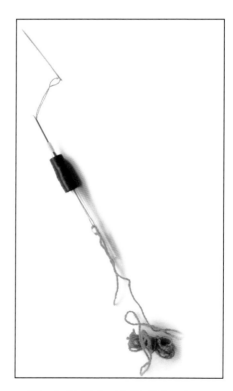

④ 这样就把绣线穿好了

2. 剜绣的步骤

第一步：用深颜色的毛线先剜绣图案的轮廓，使图案更突出立体感。

第二步：用深颜色的毛线剜绣图案中内部的线条。

第三步：将图案中的空余部分，用你选用的毛线剜完。

第四步：最后，把大面积的底色剜绣完。

3. 对针脚的要求

① 剜绣时剜针不要抬得太高，剜针以贴着布走为宜。

② 针脚的长度以2毫米为宜。针脚过近，容易将原来的套扎出来。

③ 针脚的行距要紧挨着，以不露底布为宜。即看图案的正面时，看不见底布。

④ 针脚的接头。剜绣的时候需要有连接。连接的头如图所示。

留出的接头茬口要参差不齐，避免从正面看见接头处。

连接部位的绣法

4. 剜绣的顺序

先剜绣图案，后剜绣底色。剜绣的方向是从右到左。如不按照这个方向去剜绣，顺序相反，就会把原来剜绣的线套扎出来，影响剜绣效果。

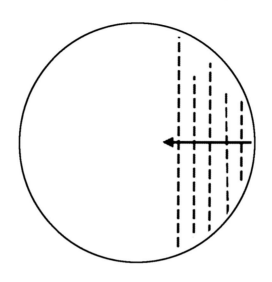

剜绣顺序

5. 剜绣的过程。

以《快乐轮滑》为例。

① 把图案描印在布上

② 用图钉把画有图案的布固定在绣架上

③ 先用深颜色的线把轮廓
线绣好

④ 把轮廓线内的部分用线
绣满

⑤ 把底布框内的部分绣完

⑥ 绣好的作品正面

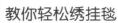

⑦ 在绣品的反面熨上纸衬

⑧ 在绣品的反面缝上衬布

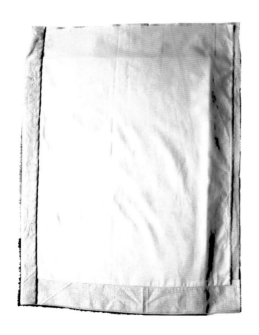

⑨ 把绣品的一侧缝好

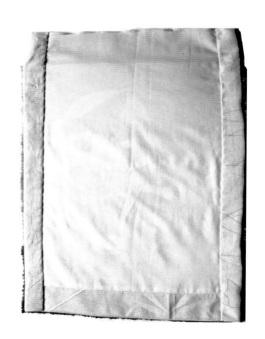

⑩ 再把绣品的另一侧缝好

⑪ 把绣品的上部缝好

⑫ 在绣品的反面底部按一定的距离点上点。

⑬ 在点的部位穿上穗

⑭ 将两股线放在一起系好

⑮ 再系一行穗就系好了

⑯ 穿上管

⑰ 穿上绳作品就完成了

6. 绣后整理

把正面的长套剪掉，如有相互纠缠在一起的套，利用小镊子把它摘开，使每个线套都回到自己的位置。这样整理后，图案清晰，立体感强。

剺绣架上的这一块绣好了，把它从绣架上取下来，再按上述方法，用图钉将待绣的部位固定在绣架上，继续剺没有剺完的部分。为了突出立体感，在剺绣的过程中，可长针、短针交替使用，互相搭配。图案部分可用长针剺绣，底色部分可用短针剺绣，这样使图案立体感更强。

7. 剡绣与线缝相结合

京剧的脸谱深受人们的喜爱，很多人都喜欢在自己房间里挂一块脸谱挂毯。在剡绣脸谱挂毯时，将脸谱部位和底色剡绣完成后，脸谱上的胡须用另外一种方法来处理，把毛线按适当的尺寸剪成段，缝在胡须部位即可。(如图)

京剧脸谱

如果绣的是小女孩，可将小女孩的刘海、小辫子也用这种方法来做，做出来特别好看，给人以活灵活现的感觉。还可以买一些做装饰用的麻包布料，将你绣好的图案，如人物、脸谱、房子、树木等图案，缝在麻包片上，稍微装饰一下，便成为相当时尚的壁挂，这种方法颇受年轻人的喜欢。还可以用做沙发套的布做底，上面缝上剡绣好的图案，也非常好看。（如图）

只见财来   日进斗金

8. 也可以将剟绣与刺绣相结合

在图案的某一局部用剟绣方法，其余部分用刺绣方法。两下结合，会使人眼前一亮，产生意想不到的好效果。(如图)

小猪卖萌

七、后期制作

1. 熨纸衬

绣品完成后，在绣品的反面熨上纸衬。方法是：找一处平平坦坦的地方，最好是桌子或地面。把绣品反面朝上，仔仔细细地铺平。按绣品尺寸大小剪好纸衬，将纸衬铺在绣品上。熨斗要加热，热度以一滴水滴上去嗞啦一下滑下去即可。熨时，不要长时间反复在一处熨，以免熨煳绣品。纸衬熨好后，绣品会显得平整、挺括。

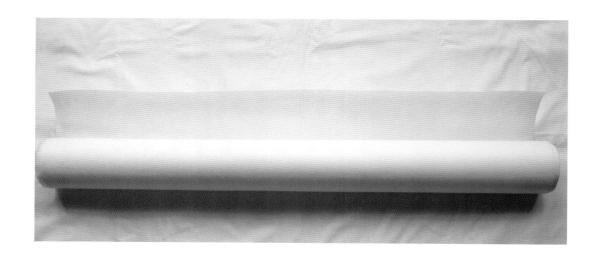

纸　衬

2. 缝衬布

纸衬熨好后，需要在绣品的反面缝上衬布，以增加它的支撑度。衬布按绣品尺寸裁剪，再熨烫平整。如绣品上部的布边窄，衬布的长度（也就是高度）要适当长一些，以便能穿管。

将衬布放在绣品的正面，把衬布底边和绣品底边对齐，放在缝纫机上缝一行，然后将衬布翻上来，盖住绣品的反面押平、铺好。

按绣品的图案折好，先缝左面，再缝右面，最后缝上面。缝上面时，将里、面一齐按图案折好，中间的宽度要能穿过一根管。上面缝好时，两头不缝，用来穿管。

3. 穿穗带

上面的工作完成后，即可为挂毯穿穗。穗带的长短与穗带的粗细，则依据挂毯完成后，挂毯的大小、自己的喜好、看着合适为宜。一般挂在客厅的大挂毯，它的穗带长度为32厘米，中粗的毛线则需13根。将穗带悬挂在挂毯的底部，以增加装饰的效果。

穿穗带的方法:

① 先在挂毯的反面底部用铅笔按合适的距离点上点，大的挂毯两穗带之间的距离为2.5厘米左右。

② 穗带的颜色。可根据挂毯图案进行选择，一般选择颜色较深的线。或根据挂毯底部的颜色进行选择，也可以根据自己的喜好来选择。

③ 把毛线按穗带所需长短剪开，按所需粗细分开，变成一绺、一绺的摆好。

④ 穿穗带时，先用纫线的针，将穗带线套上，然后将纫线的针穿过穿穗用的针眼上，再取出纫线的针，将穿穗用的针穿过挂毯穿穗的位置，以此类推。

4. 系穗

① 先将穿过去的两股线抻齐，绕一个圈，将线从圈中穿过，用手将圈往上一推，线圈紧挨着挂毯边缘，系紧。一直把这一行系完。

② 然后再把系好的穗带均匀地分成两股：把第一个穗带分成的两股其中的一股，和第二个穗带其中的一股系在一起。系的方法和第一行系法相同。第二个穗带余下的一股再和第三个穗带的一股系在一起，以此类推。系好后的样子如图1。

③ 如喜欢穗带编得宽一些，也可以多编几行。那么，穗带的长度在裁剪时就要计算清楚，裁长一些。

④ 如余下的线不足，不能有足够长度的穗带线，系穗带时，可采用线绑的方式。也就是说，把系穗带改成把穗带用线绑在一起，这种方法可节省线。

⑤ 还有一个办法，可用窗帘穗带代替，即挑选颜色、长短合适的窗帘穗带，用线把它缝在合适的位置，效果奇好，只是价格稍高了一些。

⑥ 穗带的变化可以多种多样，有直垂式、波浪式、网眼式、窗帘式等等。
(如图1~6)

图1　兰花

图 2　晚归

图 3　猴子

图 4　宝宝组合

图 5　山村雪景

图 6　思

5. 穿管

穿管的目的是将挂毯支撑起来，以便挂在墙上。穿管有几种方法：

① 管在布中间穿过，只露出管的两头。方法是，将准备好的不锈钢管穿过预留的位置，管中心可穿和挂毯颜色相和谐的色绳，打好结，便可以悬挂了。

② 先用颜色适宜的毛线把管装饰一下，即用毛线把管缠满，然后把它缝在挂毯的上部。

③ 还可以在管上分段绕上毛线，也可以在管上交叉绕上毛线，再缝在挂毯的上部。经过上述工作，一块漂亮的挂毯就完成了。

图 7 鸡鸣

八、部分剟绣作品欣赏

1.用剟绣方法绣的挂毯

图1　舞　韵

图2　猴　子

图3　喂鸭子

图4　小娃娃

图5　童　真

图6　快乐轮滑

图7　傣家少女

图8　布娃娃

图9　圣诞老人

图10　生 肖 羊

图11　马

教你轻松绣挂毯

图12　兔 子(一)

图13　兔 子(二)

图14　雪　景(一)

图15　雪　景(二)

教你轻松绣挂毯

图16　大公鸡

图17　晚归

图18　家　园

图19　福（一）

图20　福（二）

图21　快乐童年

图22　爱我不爱我(一)

图23　爱我不爱我(二)

图24 美 景(一)

图25 美 景(二)

图26 刺猬

图27 快乐小猪

教你轻松绣挂毯

图28　打棒球的小男孩

图29　吹　泡　泡

图30　采花归来

图31　弹　琴

图32 一帆风顺

图33 打棒球（一）

图34　打棒球（二）

图35　瀑　布

图36　长　城

图37　八骏全图

图38　清明上河图（一）

图39　清明上河图（二）

图40　牡丹图（一）

图41　牡丹图（二）

图42　牡丹图（三）

图43　牡丹图（四）

图44　金陵十二钗（一）

图45　金陵十二钗（二）

图46 金陵十二钗（三）

图47 狗狗的家

图48 熊 猫

图49 民族大团结

2.用剿绣方法做的沙发垫

图1　卡通狗

图2　枫叶

图3　葵　花

图4　花　（一）

图5　花（二）

图6　花（三）

3. 用剟绣方法做的挂饰

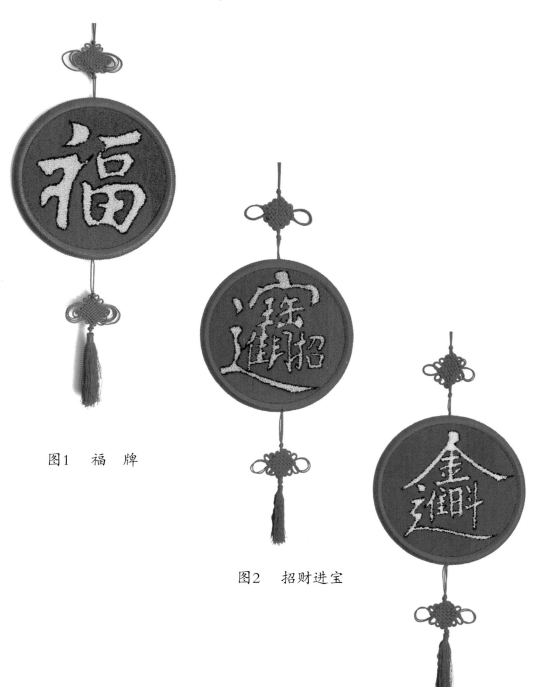

图1　福　牌

图2　招财进宝

图3　日进斗金

图4　京剧脸谱(一)

图5　京剧脸谱(二)

图6　京剧脸谱(三)

图7　京剧脸谱(四)

图8　京剧脸谱(五)

图9　京剧脸谱(六)

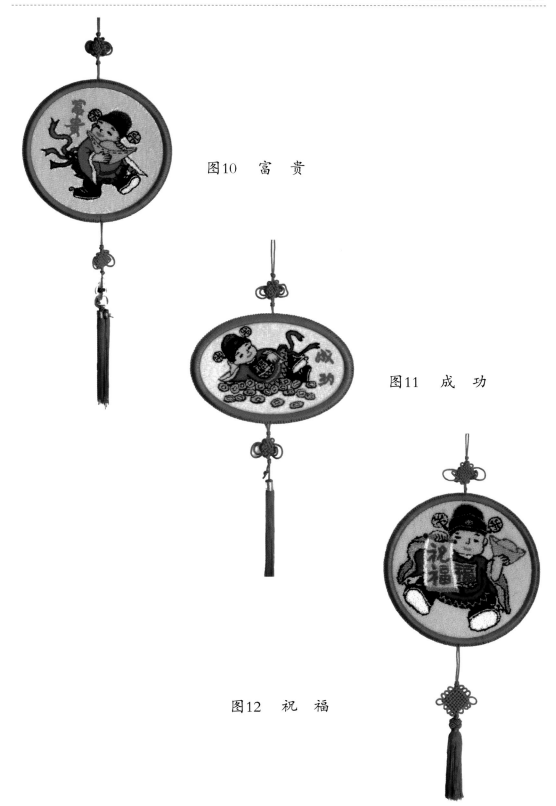

图10　富　贵

图11　成　功

图12　祝　福

图13　福娃（一）

图14　福娃（二）

图15　打　电　话

图16　月亮宝宝（一）

图17　月亮宝宝（二）

图18　月亮宝宝（三）

图19　月亮宝宝（四）

4. 用剷绣方法做的拖鞋鞋面

图1　拖　鞋　面

九、部分缀绣花样图案

1. 剜绣花样图案

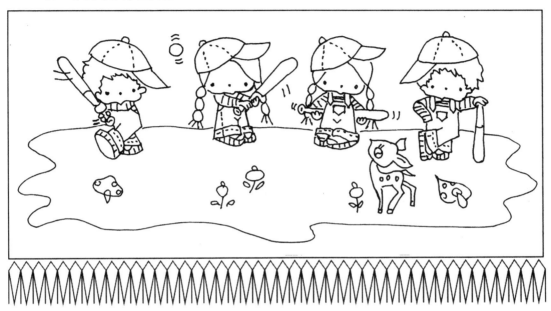

图案1　打棒球

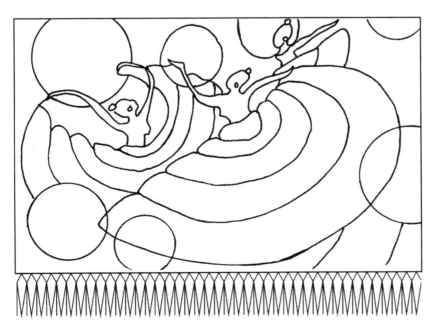

图案2　舞　韵

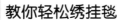

图案3 喂 鸭 子

图案4 童 真

图案5　美　景

图案6　布娃娃

图案7　圣诞老人

图案8 大公鸡

图案9 马

图案10 生 肖 羊

图案11 家 园（一）

图案12 家 园(二)

图案13 雪 景

图案14　一帆风顺

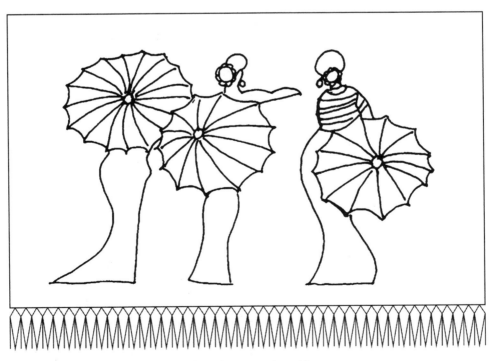

图案15　民族风情

图案16　月亮宝贝

图案17　晚　归

图案18　小猪卖萌

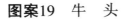

图案19　牛　头

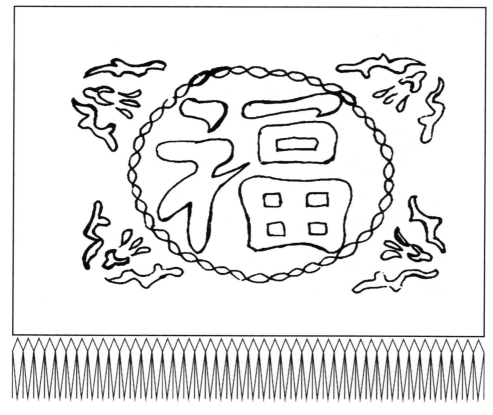

图案20 福字（一）

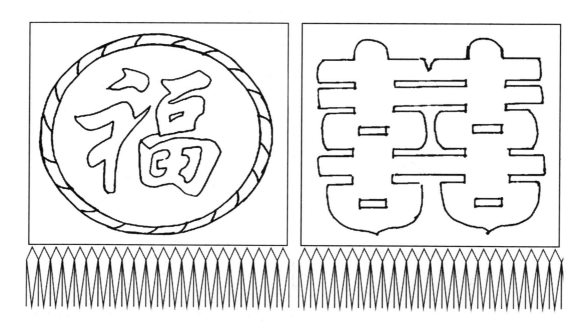

图案21 福字（二）　　　　　　**图案22** 双喜字

图案23 爱我不爱我

图案24 打棒球的小男孩

图案25 吹泡泡

图案26 快乐轮滑

图案27 爱 之 吻

图案28 马到成功

图案29 快乐童年

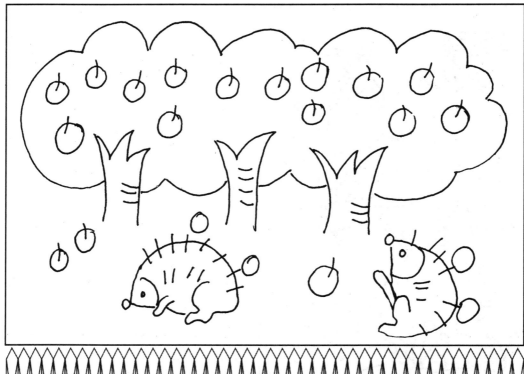

图案30 刺 猬

图案31 狗

图案32　快乐小猪

图案33　兔子（一）

图案34　兔子（二）

教你轻松绣挂毯

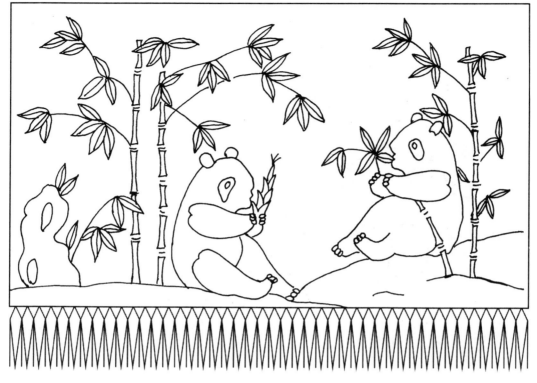

图案35 熊 猫

图案36 龙

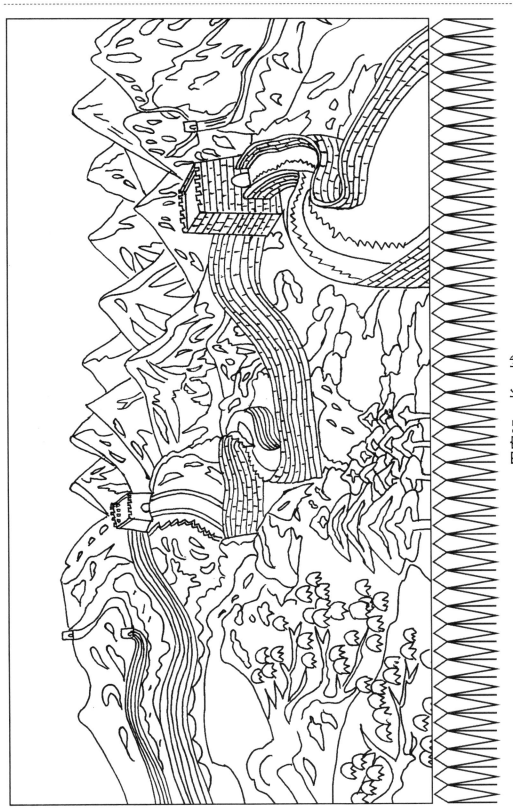

图案37 长 城

图案38 八骏全图

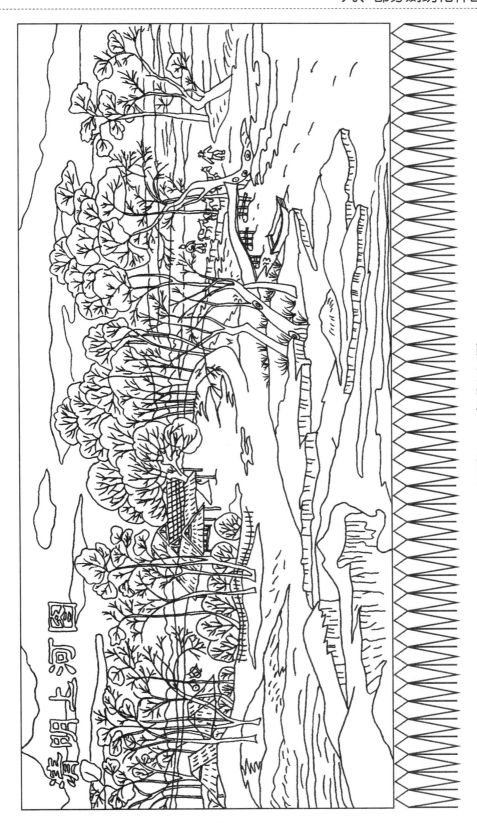

图案39　清明上河图

图案40 牡丹图

图案41 金陵十二钗(一)

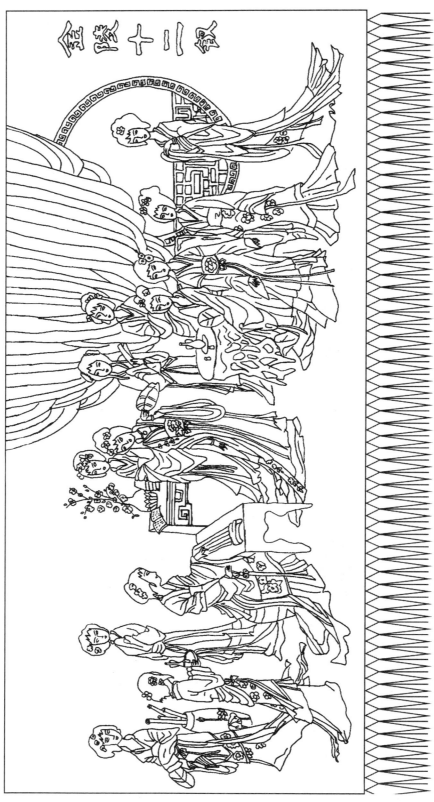

图案42 金陵十二钗（二）

图案43　民族大团结

图案44 狗狗的家

2. 沙发垫花样图案

图案1 卡通狗

图案2 花

图案3 枫 叶

3. 挂饰花样图案

图案1　福　牌

图案2　喜　牌

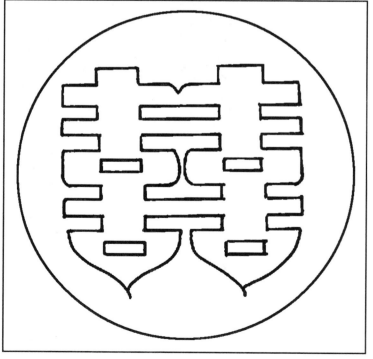

图案3　招财进宝

图案4　日进斗金

教你轻松绣挂毯

图案5 福娃

图案6 打电话

图案7 月亮宝宝(一)

图案8 月亮宝宝(二)

图案9　月亮上做客

图案10　玩　耍

图案11　京剧脸谱(一)

图案12　京剧脸谱(二)

图案13　京剧脸谱(三)

图案14　京剧脸谱(四)

图案15　京剧脸谱(五)

图案16　京剧脸谱(六)

图案17 猴子挂牌

图案18 富 贵

图案19　有　余

图案20　祝　福

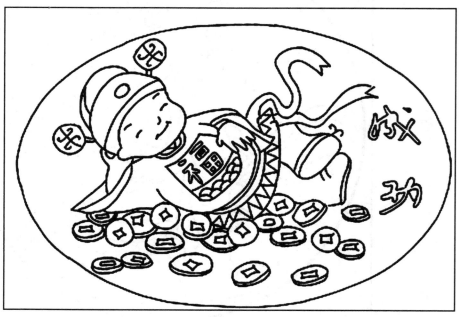

图案21　成　功

十、优秀花样参考

　　以下这些花样稿都是笔者平时搜集到的，希望大家喜欢。这些花样，在做挂毯的过程中可参考使用。尤其是初学者，可先选择简单的图案剟绣，等掌握了缀绣方法后，就可以选择有难度的花样了。

图案1　家　园（一）

图案2 家园（二）

图案3 家园（三）

图案4　家　园（四）

图案5　家　园（五）

图案6　家　园（六）

图案7　南国风光

图案8　少女归来

图案9　异族情调

图案10 鸡

图案11 采蘑菇的小姑娘

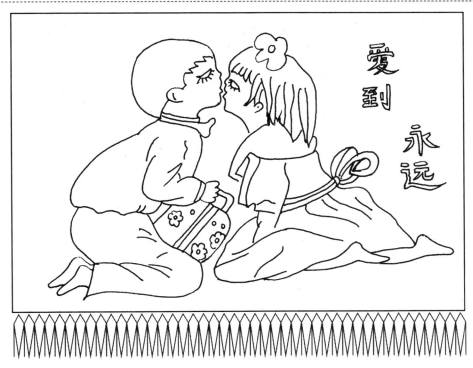

图案12　爱到永远

图案13　吹泡泡（一）

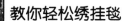

图案14　吹泡泡（二）

图案15　唱

图案16　轮滑

图案17　回　家

图案18　龙

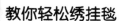

图案19   对   歌

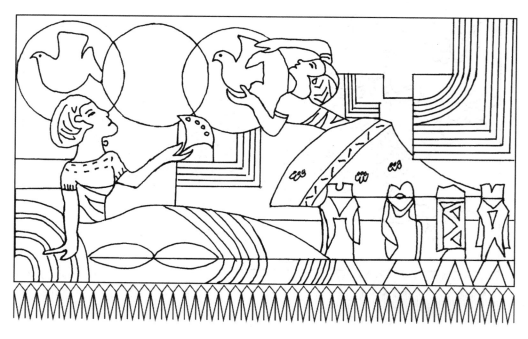

图案20   心   愿（一）

图案21 心愿(二)

图案22 起舞

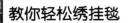

图案23 一起玩

图案24 拔萝卜

图案25 为 什 么

图案26 鹅

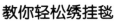

图案27 小松鼠

图案28 小鹿

图案29　高　兴

图案30　企　鹅

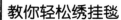

图案31　国宝熊猫

图案32　瀑　布

图案33 小 木 屋

图案34 归

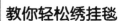

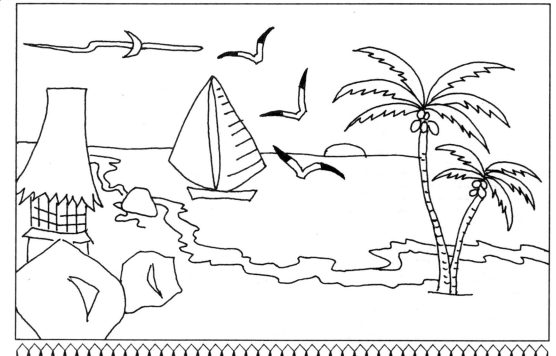

图案35 海 边

图案36 风 景（一）

图案37 风 景（二）

图案38 风 景（三）

教你轻松绣挂毯

图案39　风　景（四）

图案40　风　景（五）

图案41 风 景（六）

图案42 风 景（七）

教你轻松绣挂毯

图案43　风　景（八）

图案44　风　景（九）

教你
轻松绣挂毯 114

图案45　一帆风顺（一）

教你轻松绣挂毯

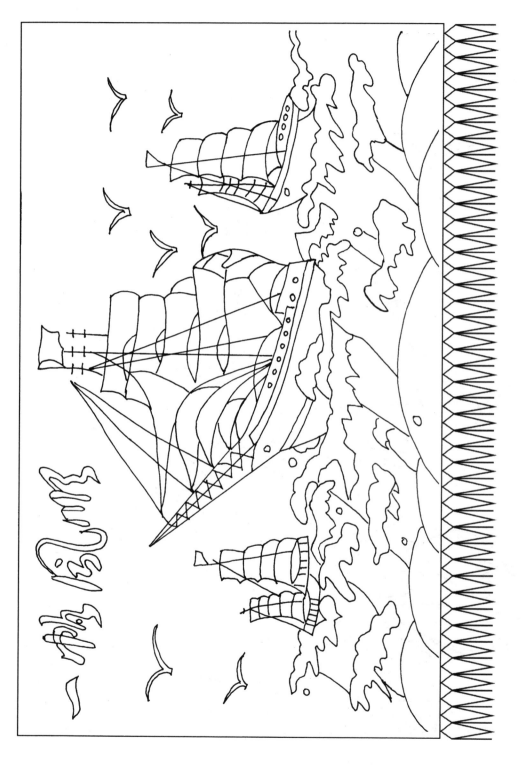

图案46 一帆风顺（二）

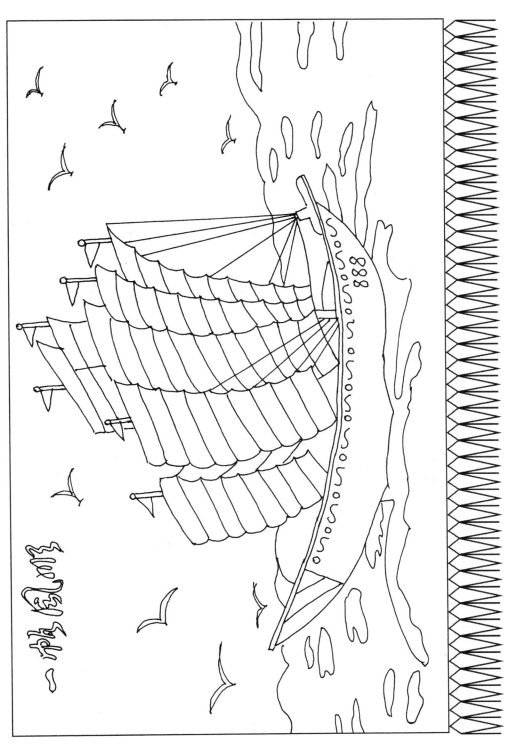

图案47　一帆风顺（三）

教你轻松绣挂毯

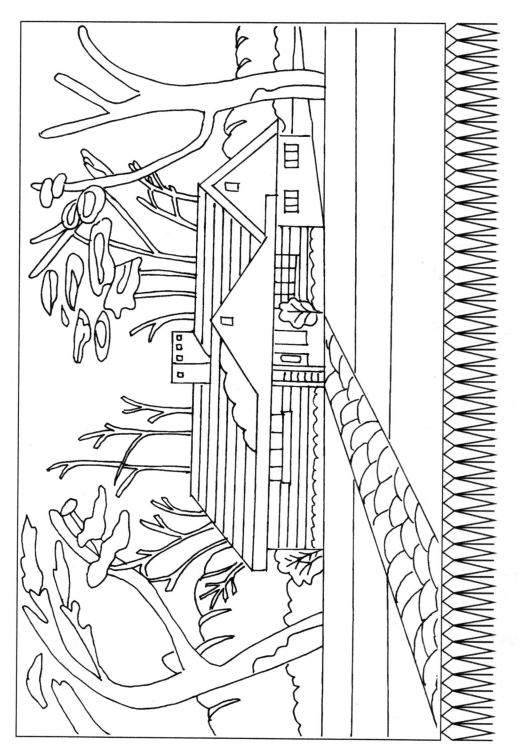

图案48 秋（一）

图案49 秋（二）

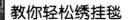

图案50 鲤鱼跳龙门

后　记

　　我是一名教语文的小学老师，从小就对钩钩织织、缝缝绣绣、裁裁剪剪、写写画画非常感兴趣。参加工作后，工作特别忙，还要照顾两个孩子，这种爱好便被搁置一边。1997年，女儿考上了大学，儿子参加了工作，我肩上的重担一下子轻了许多，空暇的时间渐渐地多了起来，过去曾经的爱好又拾了起来。于是，星期天我经常去逛商场，看看有什么好看的毛衣样子、好看的衣服样子，回来后就照葫芦画瓢地织啊、做啊。由于经常去逛商场，偶然间发现商场里陈列着许多毛线挂毯，大小不一的尺寸，各种各样的图案，真是太漂亮了，我一看就喜欢得不行。从此，每到星期天，我就去看，每次都是驻足不前，一边看，一边仔细地琢磨，这挂毯是怎么做出来的呢？去的次数多了，就发现了一些门道。想起了上世纪七十年代就兴起的剹绣热，但是那时候人们大多剹些门帘、台布等。我忽然间来了灵感，利用这种方法完全可以做挂毯，只是工具不好解决。我先把给足球、篮球打气的气针改造了一下，试一试可以用，但针管太细，只能用很细的线，做出来的挂毯太单薄，不厚重，效果也不太好。唯一的办法就是解决工具问题。于是，我到医药站买来了各种型号的注射针头，加工成剹针，一一进行试验。实践证明，20号的针头大小正合适。有了合适的工具，我就开始做挂毯，边做边研究，逐步解决剹绣过程中出现的问题，完善了剹绣挂毯的各个细节、方法、步骤。我绣了一块又一块，有时绣得特别上瘾，忙活到下半夜两点也不困。我将绣好的挂毯自己挂，女儿家挂，儿子家挂，有时还作为礼物送给亲朋好友，大家皆大欢喜。

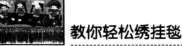

　　人们看到我剹绣的挂毯，大家都想学着绣。于是，我就将这种方法介绍给我们学校的老师，介绍给左邻右舍，介绍给远在黑龙江的两个妹妹和兄弟媳妇，大家都夸这种方法太好了，又好学，又实用，既经济，也时尚。就这样，大家你传我，我传她，以至当时在保定风靡一时，上至七十多岁的老太太，下至大姑娘、小媳妇，甚至还有退休的老大爷，人人都学，个个都做。这种剹绣的方法，得到了人们的普遍认可，也就萌生了我要将这种方法写成书的想法，希望将这种剹绣方法介绍给广大的读者，希望它能传遍祖国各地，让大家都喜欢这种方法，大家都来绣，都来用它美化自己的居室，充实自己的业余生活。如今，这个愿望终于实现了，希望广大读者喜欢这本书，喜欢这种剹绣方法。谢谢大家。

　　（文中出现的画稿均为手工描绘，如有不太准确的地方，敬请见谅）

马艳春